Christian Bethke

Von HIV zu AIDS

GRIN Verlag

Bibliografische Information der Deutschen Nationalbibliothek:

Die Deutsche Bibliothek verzeichnet diese Publikation in der Deutschen National-
bibliografie; detaillierte bibliografische Daten sind im Internet über http://dnb.d-
nb.de/ abrufbar.

Impressum:

Copyright © 2011 GRIN Verlag GmbH
Druck und Bindung: Books on Demand GmbH, Norderstedt Germany
ISBN: 978-3-656-31891-0

Inhalt

Vorwort

„Beziehungen und Sexualität sind zentrale Aspekte des Lebens und der Identität eines jeden Menschen. Eine Infektion mit dem HI-Virus beeinflusst sie in starkem Maße und wirft oft eine ganze Reihe spezieller Fragen auf. Viele Menschen mit HIV leiden unter einer verminderten Selbstachtung. Sie fühlen sich nicht mehr begehrenswert und/oder empfinden sich als eine Gefahr für andere – besonders in der ersten Zeit nach dem positiven Testresultat und später wieder, wenn sich erste Krankheitszeichen bemerkbar machen. Die Angst vor Ablehnung und die Angst, allein zu bleiben, wiegen schwer. Die Befürchtung, eine minderwertige Partnerin, ein ungeliebter Partner zu sein, kann eine stete Belastung sein. Andererseits sind auch HIV-negative Partnerinnen und Partner direkt mit den Auswirkungen der HIV-Infektion konfrontiert und müssen einen Umgang damit finden.“[1] Eine Infektion kann jeden Menschen treffen und jeder sollte sich darüber Gedanken machen. Gerade in unserer heutigen Zeit wird AIDS kaum noch Beachtung geschenkt. Nur Kampagnen gegen AIDS erinnern den Menschen immer wieder daran, wie gefährlich und allgegenwärtig AIDS ist. Mit dieser Facharbeit möchte ich mir Gedanken über dieses Thema machen, da es gerade bei der heutigen Jugend oftmals an Aufklärung fehlt. Deswegen möchte ich meine Arbeit so verfassen, dass sie für jeden verständlich ist und zum Nachdenken anregt.

Ich hoffe, dass ich durch diese Arbeit mehr Wissen über die Krankheit erlange und dieses Wissen auch weitergeben kann.

---

[1] www.aids.ch/d/hivpositiv/broschueren/beziehung_sexualitaet/vorwort.html
(23.02.2011 / 16:40)

1. Generelle Informationen

1.1 HI-Virus generelle Informationen

Die Abkürzung HIV steht für das „Humanen Immundefizienz-Virus", durch dessen Infektion selbst harmlose Krankheiten lebensbedrohlich sein können, und bezeichnet eine Schwächung und Erkrankung des Immunsystems des Menschen. Das HI-Virus gehört zu der Familie der Retroviren und zur Gattung der Lentiviren. Er ist hochgradig ansteckend und führt nach einigen Jahren zu AIDS. Diese Immunschwächekrankheit ist heutzutage immer noch unheilbar, gerät aber nach und nach in Vergessenheit.

1.2 Geschichte des HI-Virus

Im Jahre 1981 berichtete in Los Angeles ein Arzt über eine ungewöhnliche Lungenentzündung, die sich wie eine Epidemie ausbreitete und bei jungen homosexuellen Männern auftrat. Zeitgleich beobachteten Mediziner in New York einen seltenen Hautkrebs, von dem auch junge homosexuelle Männer betroffen waren. Schnell und flächenübergreifend breiteten sich die Krankheiten in Amerika und der restlichen Welt aus und wurden unter anderem durch den Tourismus auch nach Europa gebracht. Am Anfang verband man den HI-Virus oft mit gleichgeschlechtlich sexuellem Verhalten, aber schnell wurde klar, dass nicht nur Homosexuelle betroffen waren, sondern auch heterosexuelle Männer und Frauen erkrankten.1982 benannte man die Krankheit dann „Aquired Immune Deficiency Syndrome" („erworbenes Immunschwäche-Syndrom"), dessen Abkürzung und Vereinfachung dafür AIDS ist.

Im Krankheitsverlauf bricht zuerst das Immunsystem der Patienten nach einer Erkrankung mit dem HI-Virus Schritt für Schritt zusammen. Darauffolgend kann AIDS auftreten. Aufgrund der Schwächung wird es Erregern ermöglicht, sich im Körper zu entwickeln und nicht selten begleiten Lungenentzündungen und Krebs den Krankheitsverlauf. Zwischen der Infektion und dem Ausbruch der Krankheit können Jahre vergehen, doch aufzuhalten war die Krankheit damals nicht. Fast jeder, der sich mit dem Virus infiziert hatte und bei dem die Krankheit ausbrach, starb an ihren Folgen. Die Gesundheitsstörung breitete sich wie eine Epidemie auf der ganzen Welt aus. Erst ein weiteres Jahr später wurde der Verursacher entdeckt – das HI-Virus.

1991 wird „Die Rote Schleife" zum internationalen Symbol für Solidarität.

„Das Red Ribbon symbolisiert weltweit Solidarität mit HIV-Positiven und AIDS-Kranken und vereint die Menschen im gemeinsamen Kampf gegen diese Immunschwäche" (<u>www.redribbon.de</u>)

1996 erreichten die ersten wirksamen Medikamente gegen AIDS den Markt. Neue Kombinationstherapien setzten dem großräumigen Sterben ein Ende. Die neuen Pharmazeutika verhinderten die Verbreitung der Viren im Organismus, sodass die Krankheitserreger das Immunsystem nicht mehr ausreichend außer Kraft setzen konnten. Heutzutage kann mit diesen Therapien ein fast normales Leben mit wenigen Einschränkungen ermöglicht werden. Afrika war bis zu diesem Zeitpunkt der Kontinent, auf dem die meisten Infizierten am HI-Virus gestorben sind. Hauptursache für das Sterben war der Mangel an Geld, um die lebensnotwenige Medikamente zu beziehen. Somit war es nahezu unmöglich die Epidemie in Afrika zu verlangsamen oder gar zu stoppen.

2. Zahlen zu HIV / AIDS

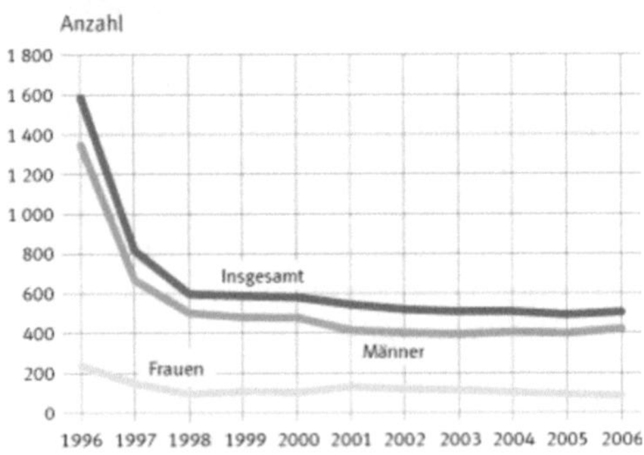

Im Jahr 2006 starben in Deutschland insgesamt 504 an der durch HIV verursachten Krankheit AIDS. Im Vergleich mit dem Jahr 1996 bedeutet dies einen starken Rückgang um mehr als 68%.

(<u>Statistisches Bundesamt</u>)

Alterstruktur der an AIDS verstorbenen Personen nach Geschlecht

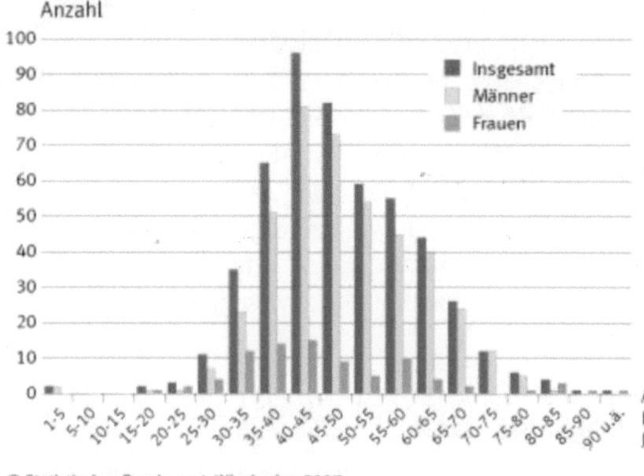

Insgesamt verteilen sich die Personen, die an AIDS verstorben sind, sehr ungleichmäßig über die Altersgruppen hinweg. Von den insgesamt 504 Verstorbenen waren 86,5% in der Altersgruppe der 30- bis 65-Jährigen. (Statistisches Bundesamt)

© Statistisches Bundesamt, Wiesbaden 2007

Die Anzahl der HIV-Neuinfektionen geht nicht nur in Deutschland, sondern auch in allen anderen Ländern zurück. Laut einem Bericht der Vereinten Nationen sind die Neuinfektionen seit 2001 weltweit um 17 Prozent gesunken.[2]

HIV-Neuinfektionen nach Weltregionen (geschätzt)

Region	Neuinfektionen 2008	Neuinfektionen 2001
Afrika südlich der Sahara	1,9 Millionen	2,3 Millionen
Nordafrika und Naher Osten	35.000	30.000
Süd- und Südostasien	280.000	310.000
Ostasien	75.000	99.000
Ozeanien	3900	5900
Lateinamerika	170.000	150.000
Karibik	20.000	21.000
Osteuropa und Zentralasien	110.000	280.000
West- und Mitteleuropa	30.000	40.000
Nordamerika	55.000	52.000
Gesamt	2,7 Millionen	3,2 Millionen

---

[2] http://www.spiegel.de/wissenschaft/medizin/0,1518,663077,00.html (10.03.2011 / 17:40)

3. Wie kann HIV übertragen werden?

3.1 Voraussetzung für eine HIV-Infektion

Erst wenn sich ausreichende Mengen vom Erreger in der Schleimhaut des Menschen oder im Körper befinden, ist eine Infizierung möglich. Übertragungswege von HIV können Blut, Sperma, Muttermilch und auch Scheidenflüssigkeit, die beim Vaginalkoitus vermehrt produziert wird, sein. Entzündungen und kleine Verletzungen der Schleimhaut, zu denen es beim Vaginal- und Anal-Verkehr kommen kann, erhöhen das Risiko einer HIV-Übertragung enorm, da die Schleimhaut durchlässiger für Viren ist.

3.2 Hauptübertragungswege

Am Anfang der HIV-Epidemie waren größtenteils homosexuelle Männer betroffen, weil der Virus durch die Darmschleimhaut beim Analverkehr übertragen wurde. Die Zellen der Schleimhaut können den Virus direkt aufnehmen und fördern somit die Infektion. Beim Analverkehr besteht das Risiko einer HIV-Infektion für den aufnehmenden als auch für den eindringenden Partner, da ausreichend Flüssigkeit im Darm vorhanden ist, die den Virus aufnehmen und weitergeben kann.

Nachdem sich der Virus immer weiter ausbreitete, wurde vermutet, dass nicht nur die homosexuelle Szene von der Erkrankung betroffen war. Durch genauere Forschungen erkannte man, dass sich HIV auch über den Vaginalverkehr ausbreitete. Vor allem kleine, nicht spürbare Verletzungen des Gebärmutterhalses oder der Scheidenschleimhaut der Frau können HIV aus infektiösem Sperma aufnehmen und infizieren. Umgekehrt kann Scheidenflüssigkeit durch kleine Hautrisse am Penis oder direkt über Immunzellen in der Vorhaut (Bändchen oder Harnröhreneingang) zur Ansteckung des Mannes führen. Aus Untersuchungen und Studien geht hervor, dass HIV öfter vom Mann auf die Frau übertragen wird als umgekehrt. Während der Monatsblutungen der Frau (Periode) ist das Infektionsrisiko für den Mann deutlich erhöht.

Beim Oralverkehr ist die Gefährdung sich mit HIV zu infizieren deutlich geringer als beim Anal- und Vaginalverkehr. Aufgrund einer höheren Widerstandsfähigkeit im Gegensatz zu anderen Schleimhäuten ist die Mundschleimhaut gegen das HI-Virus unempfänglicher. Zudem wird mit Hilfe des Speichels im Mund der Erreger „abgespült", der dadurch nur noch verdünnt wirkt. Bei der Aufnahme von Scheidenflüssigkeit oder des „Lusttropfens" (Praejakulat), was bei sexueller Erregung als natürliches Gleitmittel abgesondert wird, ist das Risiko an HIV zu erkranken vergleichsweise sehr gering.

3.3 Risiko Krankheiten

Ist man an sexuell übertragbaren Krankheiten wie Syphilis, Gonorrhö oder Herpes erkrankt, ist das Risiko, sich oder andere mit dem HI-Virus anzustecken, erhöht. Diese Erkrankungen verursachen Entzündungen, Geschwüre und Schleimhautverletzungen, wodurch es dem Virus ermöglicht wird, einfacher in den Organismus zu gelangen.[3]

4. Die Strategie des HI-Virus

„Das Immunsystem ist eine der komplexesten Strukturen unseres Körpers. Es ist von so lebenswichtiger Bedeutung wie die Atmung, der Kreislauf oder der Stoffwechsel, denn es schützt uns vor dem dauernden Ansturm von Krankheitserregern."[4] Gegen die Angreifer unseres Systems versucht der Körper sich zu verteidigen. Doch es gibt kein perfektes System, und auch unser Immunsystem besitzt Schwächen. An diesen Schwachstellen greift das HI-Virus an. Ist das Virus einmal in das System gelangt, kann der Körper sich dagegen nicht mehr wehren und die Viren vermehren sich. Es läuft ein sogenannter Vermehrungszyklus ab.[5]

4.1 Vermehrungszyklus (Infektionszyklus)[6]

Die Zielzelle (T-Helferzelle) hat eine Bindungsstelle (CD-4 Rezeptor und Co-Rezeptoren) an der Oberflächenstruktur der Zelle wo das HI-Virus andockt. Nach der Bindung gibt das Virus seine Erbinformationen und sein genetisches Material in das Innere der Zielzelle ab. Dies geschieht durch die Verschmelzung von der Hülle des Virus mit der Zellmembran. Es findet eine Fusion statt. Die Virus RNA gelangt somit in das Innere der Zelle. „Diese einzelsträngige RNA wird durch die virale Reverse Transkriptase (RT) in doppelsträngige DNA transkribiert, welche nun in das Wirtsgenom integriert wird."[7] Dadurch kann die Virusinformation in die menschliche Erbinformation eingebaut werden. Nachdem die virale Erbinformation in die Erbinformation der Zelle eingebaut wurde, kann die Neusynthese von Virusbestandteilen unter der Steuerung der viralen Erbinformation begonnen werden. Die Synthese findet mithilfe der Transkription statt. Dadurch entstehen virale Proteine, welche am Ende der

---

[3] vgl. HIV / AIDS von A bis Z – Heutiger Wissensstand

[4] Ranga , S.30
[5] vgl. Ranga , S.30f.
[6] sh. Material : M1 , M2
[7] Nye, K. E. , S. 9

Synthese den Virus im Cytoplasma neu konstruieren. Das neugebildete Virus verlässt nun die Zelle und kann weitere Zellen infizieren (lytischer Zyklus). Die infizierte Zelle reift und zerstört sich von selbst. Die neuen Viren reifen ebenfalls und können nun weitere Zellen befallen.

5. Wie kann man AIDS heilen?

5.1 Wieso kann man HIV nicht so einfach heilen?

Das HI-Virus verbreitet sich im Körper sehr schnell, da es sich täglich millionenfach repliziert. Bei der Replikation entstehen oft Fehler, weshalb das Erbgut andauernd verändert wird. Dadurch verändert sich der komplette Aufbau des Virus. Es entstehen viele Varianten die man untereinander in zwei Hauptgruppen eingeteilt hat: HIV-1 und HIV-2. Für Medikamente und das Immunsystem ist es durch die vielen Varianten sehr schwer Verteidigungsmaßnahmen zu entwickeln.

5.2 Medikamente

Medikamente gegen die HIV Replikation gibt es schon. Sie wirken an bestimmten Schlüsselstellen bei der Replikation, sodass der Prozess gestoppt wird. Zum Beispiel beim Eintritt des HI-Virus in die T-Helferzelle. Dort wird durch Inhibitoren verhindert, dass das HI-Virus an der Bindungsstelle (CD-4 Rezeptor und Co-Rezeptoren) andocken kann. Durch dieses Medikament wird eine Verbreitung des HI-Virus' verhindert.

6. Wann spricht man von AIDS? (HIV-Test)

Ob man AIDS hat oder nicht lässt sich durch einen HIV-Test herausfinden. Es gibt zwei Testverfahren um eine HIV-Infektion nachzuweisen: den Virusnachweis und den Antikörpernachweis. "Nach einer Ansteckung mit HIV können die Antikörper schon nach drei bis sechs Wochen, in der Regel aber spätestens nach drei Monaten zuverlässig nachgewiesen werden" [8] Beim Virusnachweis wird die Relation von T-Helferzellen und die der HI-Viren

---

[8] HIV Aids A-Z S.31

untersucht. Ist die Anzahl von T-Helferzellenniedrig und die der HI-Viren hoch, so spricht man von AIDS.

Wenn AIDS nachgewiesen wurde spricht man von einem "positiven" Testergebnis.

7. Impfstoff gegen AIDS

In den letzten Jahren hat es die Wissenschaft geschafft AIDS-Kranken eine genauso hohe Lebenswahrscheinlichkeit zu ermöglichen wie gesunden Menschen. In den nächsten Jahren wäre es vielleicht möglich einen Impfstoff gegen AIDS herzustellen. Denn "Menschen mit dem Gen HLA B57 sind immun gegen eine HIV-Infektion. Nun hat ein US-Forscherteam herausgefunden, welchem Mechanismus sie diesen natürlichen Schutz verdanken: Durch das Gen produziert der Körper Abwehrzellen, die deutlich potenter sind als die von Menschen ohne das spezielle Gen. Diese T-Killerzellen, eine Gruppe der weißen Blutkörperchen, spüren Viren und Bakterien auf und sorgen für ihre Beseitigung. Die besonders leistungsfähigen Abfangjäger haben die Fähigkeit, sich an eine größere Vielfalt körperfremder Proteine anzuheften. Außerdem erkennen sie sogar Mutationen von Viren. Das Forschungsergebnis könnte zu einem Impfstoff führen, der die Abwehrreaktion gegen gefährliche Viren wie HIV und Hepatitis C auch bei Menschen ohne das Gen HLA B57 hervorruft" [9]

---

[9] www.netdoktor.de/News/Aids-Neuer-Ansatzpunkt-fuer-1132776.html am 27.02.11 , 17:30

8. Literaturverzeichnis

8.1 Primärquellen

1. **HIV-Infektion und AIDS**
   ein Ratgeber für Betroffene, Angehörige und Betreuer

Verfasser: Block, Berthold
Verlagsort, Verlag, Erscheinungsjahr: Stuttgart [u.a.], Fischer, 1993
Umfangsangabe: IX, 180 S. : Ill., graph. Darst.
Serie: Ärztliche Ratschläge
ISBN: 3-437-00747-5

2. **HIV und AIDS**
   ein Leitfaden für Ärzte, Apotheker, Helfer und Betroffene

Herausgeber, Bearbeiter: Ader, Gerhard ¬[Red.]
Herausgeber, Bearbeiter: Beichert, Matthias
Körperschaft: HIV-Arbeitskreis Südwest
Ausgabe: 4. Aufl.
Verlagsort, Verlag, Erscheinungsjahr: Berlin [u.a.], Springer, 2001
Umfangsangabe: XI, 281 S. : Ill., graph. Darst., Kt.
ISBN: 3-540-41642-0

3. **HIV und AIDS**
   die molekularbiologischen Grundlagen

Verfasser: Nye, K. E.
Verfasser: Parkin, Jacqueline M.
Herausgeber, Bearbeiter: Rübsamen-Waigmann, Helga ¬[Bearb.]
Verlagsort, Verlag, Erscheinungsjahr: Heidelberg [u.a.], Spektrum, Akad. Verl., 1995
Umfangsangabe: XIII, 126 S. : Ill., graph. Darst.
Serie: Spektrum-Lehrbuch
ISBN: 3-86025-384-0

4. AIDS

Unterrichtsmaterialien für die gymnasiale Oberstufe
Herausgeber, Bearbeiter: Pommerenke, Alfred
Körperschaft: Bundeszentrale für Gesundheitliche Aufklärung <Köln>
Ausgabe: 1. Aufl., 1. [Dr.]
Verlagsort, Verlag, Erscheinungsjahr: Stuttgart [u.a.], Klett Schulbuchverl.,
1993
Umfangsangabe: 80 S. : Ill., graph. Darst., Kt.
Serie: G + S, Gesundheitserziehung und Schule
ISBN: 3-12-990640-1

5. Aids

was ist Aids? ; Fragen u. Antworten

Verfasser: Yogeshwar, Ranga
Verfasser: Müller, Robert
Ausgabe: 1. Aufl.
Verlagsort, Verlag, Erscheinungsjahr: Köln, vgs, 1987
Umfangsangabe: 152 S. : Ill. (z.T. farb.), graph. Darst.
7.

HIV/ AIDS von A bis Z

Herausgeber, Bearbeiter: Bundeszentrale für gesundheitliche Aufklärung
Verlagsort, Verlag, Erscheinungsjahr: Deutsche AIDS-Hilfe e.V. ; 1.Auflage
2008

6.

Die Normalisierung von Aids
Politik - Prävention - Krankenversorgung

Herausgeber, Bearbeiter: Rosenbrock, Rolf
Verlagsort, Verlag, Erscheinungsjahr: Berlin, Ed. Sigma, 2002
Umfangsangabe: 284 S.
Serie: Ergebnisse sozialwissenschaftlicher Aids-Forschung ; 23
ISBN: 3-89404-687-2

8.2 Audiovisuelle Medien

„Aids - Die vergessene Krankheit?" von Sabine Goette [ARTE;Phönix]

8.3 Elektronische Medien

www.netdoktor.de/News/Aids-Neuer-Ansatzpunkt-fuer-1132776.html

am 27.02.11 , 17:30

www.aids.ch/d/hivpositiv/broschueren/beziehung_sexualitaet/vorwort.html

am 23.02.2011, 16:40

http://www.spiegel.de/wissenschaft/medizin/0,1518,663077,00.html

am 10.03.2011 , 17:40

M1 (Primärquelle 3 , S. 9)

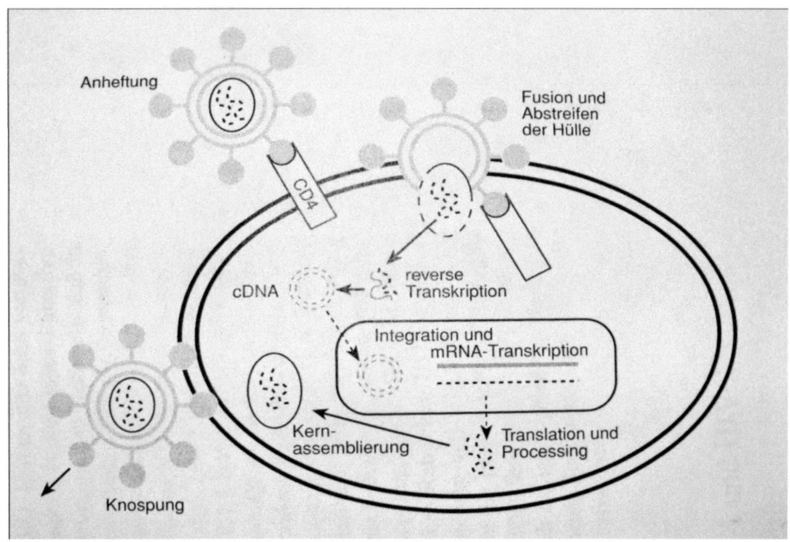

M2 (Primärquelle 2 , S. 8)

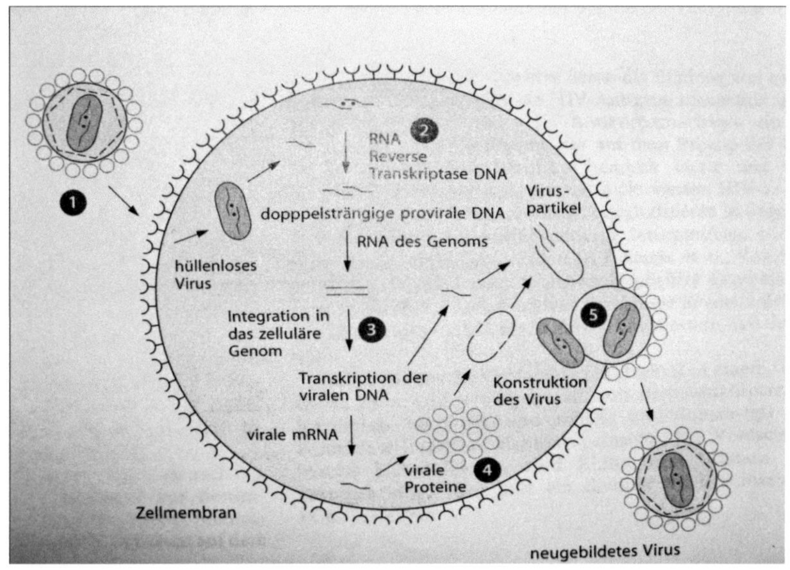